BEI GRIN MACHT SICH IHR WISSEN BEZAHLT

- Wir veröffentlichen Ihre Hausarbeit, Bachelor- und Masterarbeit

- Ihr eigenes eBook und Buch - weltweit in allen wichtigen Shops

- Verdienen Sie an jedem Verkauf

Jetzt bei www.GRIN.com hochladen und kostenlos publizieren

Melanie Friedemann

Unterrichtsstunde: Rund um den Magneten

Unterrichtsentwurf für Klasse 8

GRIN Verlag

Bibliografische Information der Deutschen Nationalbibliothek:

Die Deutsche Bibliothek verzeichnet diese Publikation in der Deutschen National-
bibliografie; detaillierte bibliografische Daten sind im Internet über http://dnb.d-
nb.de/ abrufbar.

Impressum:

Copyright © 2009 GRIN Verlag GmbH
Druck und Bindung: Books on Demand GmbH, Norderstedt Germany
ISBN: 978-3-640-34713-1

Dieses Buch bei GRIN:

http://www.grin.com/de/e-book/129622/unterrichtsstunde-rund-um-den-magneten

xx xx   **Berlin, 23.01.2009**

6. SPS Friedrichshain – Kreuzberg (L):   Frau xxx

FS/AL: Frau xxx

FS/LB: Frau xxx

Schullleitung: Herr xx

                                           Frau xx

Die Magnet-Werkstatt
Entwurf einer Unterrichtsstunde im Fach Naturwissenschaften

Ausbildungsschule: xxx

Klasse: 8b

Zeit: 11:00 – 11:45

Raum: 103

Thema der Unterrichtsstunde: Rund um den Magneten

Inhaltsverzeichnis

1. <u>Unterrichtseinheit</u>

1.1.   Thema der Unterrichtseinheit

Rund um den Magneten – Wir setzen uns handlungsorientiert mit dem Phänomen „Magnetismus" auseinander.

1.2.   Bezug zum Rahmenplan

Die Schüler[1] der Klasse 8b der Schule am Fennpfuhl werden nach dem Rahmenlehrplan mit
sonderpädagogischen Förderschwerpunkt für das Land Berlin/Brandenburg unterrichtet.

Laut des o.g. Rahmenlehrplans sind die Standards für den naturwissenschaftlichen Unter-
richt am Ende der Jahrgangsstufe 8 für die Unterrichtseinheit entsprechend im Themenfeld:
„Körper und Stoffe im Alltag und in der Technik" und im Themenfeld *„Kräfte in Natur und
Technik"* wie folgt festgelegt:

Die Schüler:

-    kennen magnetische Eigenschaften, um:
-    Metallen von Nichtmetallen zu unterscheiden
-    allgemeine und besondere Eigenschaften häufiger Metalle zu unterscheiden,
-    Zusammenhang zwischen Eigenschaften und Verwendung ausgesuchter Metalle zu
     erläutern

Im Rahmenlehrplan Naturwissenschaften für die Grundschule wird als Standard im Themenfeld 5.2.1. Umgang mit Stoffen im Alltag[2] angegeben, dass die Schüler, die Eigenschaften von
Körpern und Stoffen untersuchen, indem sie magnetische Eigenschaft kennen. Des Weiteren
wird angeführt, dass die Schüler angeregt werden sollen, Fragestellungen zu entwickeln,
Experimente durchzuführen und Erklärungen zu formulieren. Der Schwerpunkt soll hierbei
auf zielorientierten und selbstständig durchgeführten Versuchsvorhaben liegen.

Im Rahmenlehrplan Sachunterricht für die Grundschule[3] ist als Standard angegeben, dass
sich die Schüler Naturphänomene erschließen, wozu auch der Magnetismus gehört.

---

[1] Die Bezeichnung Schüler berücksichtig die männliche und weibliche Form
[2] Vgl.: Rahmenlehrplan Naturwissenschaften, S. 29.
[3] Vlg.: Rahmenlehrplan Sachunterricht für die Grundschule.

1.3. Aufbau der Unterrichsteinheit

Die Unterrichtseinheit findet in Form von werkstattähnlichem Unterricht statt.

Stunde	Inhalt der Stunde	Lernziel der Stunde
1./2 12.01.09	<u>Vorbereitung der Magnetwerkstatt.</u> Aufstellen und Einführen von Regeln und Ritualen. Abfragen von Vorwissen: Was weiß ich über Magnete. <u>Einführung in die Magnetwerkstatt</u> Vorstellen des Arbeitsablaufes, der Materialien und der Stationen. Einrichten eines Ordnungsdienstes. Beginn der Arbeit an den Stationen.	Die S. greifen auf Vorwissen zurück, gemeinsame Erarbeitung von Regeln und Konsequenzen, Orientierung an den Stationen, Kenntnisse über den Arbeitsablauf.
3./4. 16.01.2009 5./6. 19.01.2009	<u>Weiterführung</u> der Arbeit in den einzelnen Werkstattbereichen. Die S. bearbeiten möglichst selbstständig in Einzel- oder Partnerarbeit die von ihnen ausgesuchten Stationen	Die S. erweitern ihre Kenntnisse in Bezug auf Magnetismus. Sie unterscheiden Magnete ihrer Form nach, kennen Gegenstände die von Magneten angezogen werden, verwenden die Bezeichnung Nor- und Südpol sachgemäß, verwenden Fachwörter, halten sich an vereinbarte Regeln.
7. 23.01.2009	<u>Lernplakat</u> Die S. erstellen möglichst eigenständig ein Lernplakat zum Thema Magnetismus. Sie bringen ihre handelnd erworbene Kenntnisse ein und visualisieren bzw. verschriftlichen diese.	Wiederholung und Festigung der erworbenen Kenntnisse.
8./9. 26.01.2009 10. 30.01.2009	Weiterführung der Arbeit in den einzelnen Werkstattbereichen. Die S. bearbeiten möglichst selbstständig in Einzel- oder Partnerarbeit die von ihnen ausgesuchten Stationen.	Die S. visualisieren das Magnetfeld, lernen woraus ein Magnet besteht, (kennen den Aufbau eines Kompasses und orientieren sich mit diesem)
11./12. 09.02.2009	<u>Wiederholung</u> Lernspiel zur Wiederholung des erworbenen Wissens. Vorbereitung auf Lernkontrolle. Reflektion der Werkstattarbeit.	Wiederholung und Festigung
13. 13.02.2009	<u>Lernkontrolle</u>	Überprüfung des Wissens.

1.4. Ziele der Unterrichtseinheit

Kompetentes Handeln erfordert vom Einzelnen ein Zusammenwirken von Leistungs- und Verhaltensdisposition, also von kognitiven und sozialen Fähigkeiten. Dieses Zusammenwirken wird als Handlungskompetenz bezeichnet und erfordert ein komplexes zusammenspiel von Sach-, Methoden-, sozialer und personaler Kompetenz. Die Darstellung der Ziele erfolgt in den einzelnen Kompetenzbereichen.[4]

Kompetenz	Die Schüler:
Methodenkompetenz	- lernen und arbeiten eigenverantwortlich - erfassen Arbeitsaufträge zunehmend selbstständig und führen sie ohne fremde Hilfe aus - üben den sachgerechten Umgang mit unterschiedlichen Materialien (Magnete, Schere, Kleber…) - teilen sich Aufgaben und Zeit selbstständig und sinnvoll ein - erarbeiten sich Informationen aus verschiedenen Quellen (Texte, Schaubilder, Versuche) - verbalisieren oder zeichnen ihre Vermutungen, Beobachtungen und mögliche Erklärungen - beschreiben ihre Versuchsbeobachtungen in der Reflexion
Sachkompetenz	- kennen Materialien die Magnete anziehen Eisen, Nickel, Kobalt - benennen unterschiedliche Magnetformen (Hufeisen-, Stab- und Scheibenmagnete) - wissen, dass Magnet Kraft hat, bezeichnen sie als Magnetkraft - bezeichnen die Magnetpole mit Nord- und Südpol - wissen dass die Anziehungskraft eines Magneten an den Polen am stärksten ist - wissen wann sich die Magnetpole anziehen und abstoßen - verstehen und erklären Magnetfelder - orientieren sich mit einem Kompass und bestimmen die Himmelsrichtungen - fassen ihre Versuchsbeobachtungen und -erklärungen zu einer knappen Beschreibung physikalischer Eigenschaften eines Magneten zusammen
Personale Kompetenz	- entwickeln eigenes Interesse zum Thema und Lernmotivation - werden durch die Bewältigung differenzierter Anforderungen in ihrem Selbstvertrauen gestärkt - bewegen sich ohne Mitschüler zu behindern - verfolgen eigene Ziele konsequent
Soziale Kompetenz	- finden im Gespräch mit Mitschülern für aufkommende Probleme und Fragen gemeinsam eine Lösung - fordern, nehmen und bieten Hilfen selbstständig an - bringen sich in verschiedenen Sozialformen kooperativ ein - erwerben Einsicht in Regeln und üben Rücksichtsnahme im gemeinsamen Umgang

---

[4] Vgl.: Rahmenlehrplan für den sonderpädagogischen Förderschwerpunkt Lernen 2005, S. 11ff)

2. <u>Thema der geplanten Unterrichtsstunde</u>

Die Schüler erstellen ein Lernplakat zum Thema Magnetismus fächerübergreifend mit dem Unterrichtsfach Deutsch und präsentieren es. Es handelt sich um die zweite Unterrichtstunde.

2.1.   Lernziel der Unterrichtsstunde

Allgemeines Ziel der Stunde:

Die Schüler fertigen ein Lernplakat, indem sie ihre Erkenntnisse aus den vorangegangenen Stunden bezüglich magnetische Gegenstände, Magnetarten, Magnetpole und ein Magnetkraft wiederholen, anwenden, versprachlichen und verschriftlichen.

Teillernziele:

TLZ 1: Die Schüler sollen Ideen/Begriffe zum Thema Magnetismus sammeln.

TLZ 2: Die Schüler ordnen diese Wörter Themenbereichen zu.

TLZ 3: Die Schüler strukturieren ein Lernplakat und dessen Inhalte, indem sie Informationen und Bilder auswählen.

TLZ 4: Die Schüler präsentieren ihr Plakat und bewerten die Ergebnisse.

3. <u>Voraussetzungen für die Unterrichtsstunde</u>

3.1.   Sachdarstellung

Benannt ist der **Magnet**[5] vermutlich nach der griechischen Landschaft Magnesia in Kleinasien. Dort wurden Erzgesteine gefunden, die Eisenteilchen anzogen. Neben Naturmagneten aus Eisenerz gibt es heute auch künstliche Magnete aus Stahl oder bestimmten Legierungen. Zudem gibt es Magnete in unterschiedlichen Formen: Stab-, Hufeisen- oder Scheibenmagnete.

Magnete sind Stoffe, von denen ein magnetisches Feld ausgeht, so dass insbesondere eisen-, jedoch auch nickel- und kobalthaltige Gegenstände von ihnen angezogen werden. Diese Eigenschaft wird als **magnetische Kraft** oder **Magnetismus** bezeichnet. Die von Magneten angezogenen Gegenstände sowie die Magnete selbst bestehen aus Molekülen mit magneti-

---

[5] Vgl.: http://de.wikipedia.org/wiki/Magnetismus, Stand: 11.01.2009.

schem Nord- und Südpol, deren Pole dauerhaft gleichmäßig ausgerichtet sind. Das heißt die Nord- und Südpole der Moleküle bei Magneten und magnetisierten Stoffen zeigen in eine Richtung.

Jeder Magnet besitzt Stellen größerer Anziehung, die als **Pole** bezeichnet werden. Zwischen den Polen befinden sich Bereiche geringerer Anziehung. Die Pole treten immer paarweise auf, das heißt ein Magnet hat stets zwei Pole.

Der nach Norden weisende Pol wird **Nordpol**, der nach Süden weisende Pol wird **Südpol** genannt. Bei den in der Schule gebräuchlichen Magneten ist der Nordpol meist rot, der Südpol grün gekennzeichnet. Zwischen gleichnamigen Polen lässt sich eine abstoßende und zwischen ungleichnamigen Polen eine anziehende Wirkung nachweisen. Magnetismus lässt sich auf magnetisierbares Material, je nach Material, kurzzeitig oder dauerhaft übertragen. Jeder ferromagnetische[6] Körper besteht aus vielen kleinen Elementarmagneten[7]. Im Normalfall liegen diese durcheinander, dabei werden ihre Kräfte aufgehoben.

Ist ein Gegenstand ferromagnetisch, kann man ihn magnetisieren, indem man mit einem Magneten mehrfach mit demselben Pol in die gleiche Richtung über den Gegenstand streicht. Dabei richten sich die Elementarmagnete in dem Gegenstand alle in die gleiche Richtung aus. Dadurch verstärken sich ihre Kräfte und sie werden magnetisch. Teilt man einen so gewonnenen Magneten in der Mitte, so erhält man zwei neue Magnete, da die Ausrichtung der Teilchen gleich bleibt.

Magnete werden durch Erhitzen oder starke Erschütterung entmagnetisiert, da die Elementarmagnete dann ihre geordnete Anordnung verlieren und sich wieder wirr anordnen. Die **Fernwirkung** eines Magneten beruht darauf, dass sich um ihn herum ein **magnetisches Feld** befindet. In der Nähe der Pole ist dieses Feld, also auch die Magnetkraft am stärksten. Die Magnetkraft nimmt mit wachsender Entfernung vom Magneten ab. Das Magnetfeld kann durch Kraftlinien veranschaulicht werden, die sich mit Hilfe von Eisenfeilspänen auch sichtbar machen lassen. Das Magnetfeld hat zudem die Eigenschaft, nichtmagnetische Stoffe zu durchdringen, das heißt, Magnete können Gegenstände aus Eisen, Nickel oder Kobalt auch durch Papier, Holz o.ä. anziehen.

---

[6] Ferromagnetische Gegenstände sind Gegenstände, die sich magnetisieren lassen.
[7] Elementarmagnete sind kleinste magnetische Teilchen.

Das **Lernplakat** ist eine Unterrichtsmethode, die den Lehr- und Lerninhalt verschiedener Unterrichtsprozesse und -inhalte visualisiert. Die Schüler selbst übernehmen die Aufgabe den gelernten Inhalt schriftlich und visuell festzuhalten und setzen daher ihre Schwerpunkte in den Vordergrund. Durch das Aufhängen im Klassenraum ist der Unterrichtsinhalt permanent präsent.[8]

3.2. Beschreibung der Lerngruppe

3.2.1. Zusammensetzung der Lerngruppe

Die Klasse 8b wird zurzeit von 7 Mädchen und 2 Jungen besucht. Vier Schülerinnen haben eine nichtdeutsche Herkunftssprache, dass heißt in ihrem zu Hause wird überwiegend ihre Muttersprache (serbisch, kroatisch und albanisch) gesprochen. Die deutsche Sprache wird weitestgehend beherrschen. Seit diesem Schuljahr wird die Klasse von ihrer Klassenlehrerin Frau xxx unterrichtet. Die Zusammensetzung der Klasse hat sich seit diesem Schuljahr stark verändert. Drei Schüler haben die Klasse verlassen und lernen nun an einer anderen Schule. S. lernt seit Mitte September und J. seit November in dieser Klasse.

3.2.2. Lernausgangssituation, Arbeits- und Sozialverhalten

Die Schüler zeigen in der Regel ein sozial verträgliches Verhalten zueinander. Sie akzeptieren sich mit ihren Schwächen und helfen einander. Durch die neue Gruppenzusammensetzung und auch „Stimmungsschwankungen" in der Pubertät geraten die Mädchen in der Klasse des Öfteren aneinander, so dass je nach Tagesform die Streitigkeiten der Schülerinnen untereinander zu einem ungünstige Tagesverlauf führen können. Die beiden Jungen der Klasse versuchen sich meist aus diesen Streitereien herauszuhalten.

Die Schülergruppe zeichnet sich durch hohe Motivation, Lernwilligkeit und Anstrengungsbereitschaft aus. Sie sind in der Lage strukturiert mit ihren Arbeitsmaterialien umzugehen. Das **selbständige Arbeiten** wird durch offene Unterrichtsmethoden, die bereitwillig angenommen werden, geübt. Getroffene Differenzierungsmaßnahmen werden zum Großteil akzeptiert und nicht hinterfragt. In der Regel entscheiden die Schüler eigenständig welchen Schwierigkeitsgrad der Aufgabe sie bearbeiten. Hierbei schätzen sie ihr Leistungsvermögen gut ein.

---

[8] Hein Klippert: Methodentraining. Übungsbausteine für den Unterricht. Belz Verlag, Weinheim und Basel 1999, S. 168.

Die **Gruppenbildung** stellt da eher ein Problem dar. Derzeit dürfen I. und J. nicht zusammen arbeiten, da sie sich dann gegenseitig so „aufputschen", dass ein ruhiger Unterrichtsverlauf nicht mehr möglich ist. Auch I. und E. haben Schwierigkeiten beim gemeinsamen Arbeiten. Ihre Arbeitsergebnisse sind dann nicht so gut, wie sie sein könnten. Je nach Begründung der Entscheidung, Tagesform und „Lieblingsfreundin" akzeptieren sie die getroffene Entscheidung. Auffällig ist, dass die beiden Jungen der Klasse lieber alleine arbeiten. Dies liegt zum Größtenteil daran, dass sie sich nicht in die Streiterein, aber auch Neckereien der Mädchen mit hereinziehen lassen wollen. J. und P. arbeiten auch selten zusammen, da sie sehr unterschiedlich in ihren Lernvoraussetzungen sind und lieber für sich alleine die Aufgaben bewältigen möchten. Dennoch kommen sie mittlerweile gut miteinander aus.

Das **Leistungsniveau** der Klasse ist sehr unterschiedlich. E. und I. und fehlten bei einigen Themen, so dass ihr Wissen Lücken aufweist. Sinnentnehmendes Lesen bereitet besonders E., P. und S. Schwierigkeiten, so dass Arbeitsanweisungen klar, kleinschrittig und deutlich formuliert werden müssen.

J., J. und F. sind sehr leistungsstark und übernehmen innerhalb der Klasse gerne Helferrollen, wobei ihnen die Unterscheidung von helfen und vorsagen noch Schwierigkeiten bereitet. Die **Konzentrationsfähigkeit** lässt besonders bei E., I. und P. ab der 4. Stunde stark nach.

I. hat große Schwierigkeiten sich über einen längeren Zeitraum zu konzentrieren und ihr Verhalten zu steuern. Nach Konflikten kann sie zu einem späteren Zeitpunkt ihr Verhalten reflektieren und zum Teil weiter arbeiten, geschieht dies nicht kann es geschehen, dass sie sehr unbeherrscht reagiert und in hohem Maße das Unterrichtsgeschehen stört. Gemeinsam mit der Klassenleiterin und den Eltern wird nach Möglichkeiten gesucht, um Ursachen für I. Verhalten zu finden, aber ihr auch Grenzen und Wege zu zeigen, wie sie sich helfen kann. Derzeit soll sie ärztlich untersucht werden. Ihr Verhalten wird jeden Tag ins Hausaufgabenheft notiert, welches die Eltern kontrollieren.

J. lernt erst seit November in der Klasse. Sie hat sich gut mit ihren Klassenkameraden angefreundet. Auffällig ist ihre große innere Unruhe. Aufgaben erledigt sie schnell, aber leider auch nicht sorgfältig genug. Ihr fällt es weiterhin schwer sich zurückzunehmen. Weiß J. eine Antwort schafft sie es selten sich zu melden und zu warten bis sie sich äußern darf. Wenn sie darauf aufmerksam gemacht wird, versucht sie es umzusetzen, aber es gelingt J. noch zu selten. Daher werde ich mit ihr absprechen, dass wenn es besonders auffällig ist, ich ihr eine Symbolkarte auf den Tisch lege bzw. sie ihr zeige.

3.2.3. Einzeldarstellungen der Schüler

Name	I.	I.	F.	E.	Z.	J.	S.	J.	P.
selbstständiges Arbeiten	++	++	+++	+	++	+++	++	+++	++
sinnerfassendes Lesen	+++	+	+++	+	++	+++	+	++	+
Aufgabenverständnis	++	++	+++	+	++	+++	++	+++	+
Selbsteinschätzung	++	++	++	+	++	+	++	++	++
Kooperationsfähigkeit	++	+++	+++	+	++	++	+++	++	++
Konzentrationsvermögen	+	++	+++	+	+	++	+++	+++	++
Arbeitstempo	+++	+++	++	+	+	++	++	+++	++
Frustrationstoleranz	++	++	+++	+	++	++	+++	+++	+++
Problembewältigungsstrategie	++	++	++	+	++	++	++	++	++
Reflexionsfähigkeit	+++	++	++	+	+++	++	++	+++	+

+++: →sehr gut ausgeprägt

++: →größtenteils ausgeprägt

+: →Schüler bedarf gelegentlicher Unterstützung in diesem Bereich

O: →Schüler bedarf starker Hilfen und/oder Differenzierung

3.2.4. Lernvoraussetzungen der Schüler im Hinblick auf die Unterrichtsstunde

Lernvoraussetzung	I.	I.	F.	N.	E.	J.	S.	J.	P.	Konsequenz
Ein Magnet zieht Dinge Gegenstände(Eisen, Nickel, Kobalt) an.	k	k	+++	++	++	+++	++	+++	++	K1
Magnet hat unterschiedliche Formen (Hufeisen-, Stab- und Scheibenmagnet)	k	+++	+++	++	k	+++	+++	+++	+++	
Ein Magnet hat zwei Pole (Nord- und Südpol)	k	+++	+++	++	k	+++	++	+++	+++	
Ein Magnet hat Kraft	k	++	+++	++	k	+++	++	+++	++	
Die Kraft eines Magneten ist an den Polen am stärksten.	k	k	++	++	k	++	++	+++	++	
Gegenseitige Pole ziehen sich an und gleiche Pole stoßen sich ab.	k	+++	+++	++	k	+++	+++	+++	++	
Sachtexte verfassen	+++	++	++	++	o	+++	o	++	o	K 2
Aufgaben verteilen und annehmen	++	++	++	++	+	++	+	++	++	
Strukturiert an Aufgabe herangehen	++	++	++	+	o	++	+	++	o	K3
Selbstständig und sachangemessen arbeiten	+++	+++	+++	++	+	+++	++	+++	++	
Ergebnisse sprachlich auswerten	+++	++	++	++	+	+++	++	+++	+	K4
Eigene Arbeitsverhalten reflektieren	+++	++	++	+++	+	++	++	+++	++	
Sprachliches Ausdrucksvermögen bezogen auf das Thema	k	+	++	++	k	++	+	++	+	K5
Vor der Klasse sprechen	+++	++	++	+++	++	+++	++	+++	++	
Getroffene Entscheidunggen begründen	+++	+	++	++	+	+++	+	+++	+	

+++:	→sehr gut ausgeprägt
++:	→größtenteils ausgeprägt
+:	→Schüler bedarf Unterstützung in diesem Bereich
O:	→Schüler bedarf starker Hilfen und/oder Differenzierung
K1 – K11:	→Konsequenzen auf der nachfolgenden Seite
K:	→krank

K1: Bereitstellung der Materialien von den Experimentierstationen und die bearbeiteten Arbeitsblätter

> Begründung: Wiederholung der Versuche bzw. Nachlesen der Mitschriften, um Wirkung/Aussage/Informationen zu wiederholen

K2: Hilfe geben bei Verteilung der Aufgaben, wählen ein Experiment aus und beschreiben es ihrer Gruppe

> Begründung: gilt besonders für E., S. und P., führen Aufgabe handelnd durch, erzählen ihrer Gruppe mündlich, wie es durchgeführt wird und tragen zum Inhalt bei

K3: Kleinschrittige und individuelle Aufgabenstellung, Strukturierungshilfen geben

> Begründung: Besonders E., S. und P. benötigen klare und einfache Anweisungen, die sie dann gut ausführen können.

K4: Bereitstellung von möglichen Aspekten, die bewertet werden

> Begründung: Schüler können sich auf Kriterien zur Auswertung stützen.

K5: Bereitstellung von Wortkarten zum Thema

> Begründung: Erweiterung des Wortschatzes, damit sich Schüler über das Thema austauschen und zum Inhalt beitragen können.

4. <u>Entscheidungen für die geplante Unterrichtsstunde</u>

4.1.   Didaktisch – methodische Entscheidungen

Die Lerngruppe ist sachunterrichtlichen Themen gegenüber sehr interessiert. In den vorangegangenen Stunden haben sie das Thema **Magnetismus** im werkstattähnlichen Unterricht handelnd erfahren. Sie führten an unterschiedlichen Stationen Experimente durch. In dieser Stunde sollen die Schüler nun ihre Erfahrungen (enaktiv) und Erkenntnisse wiederholen und anwenden (ikonische/symbolische Ebene).

Das Beobachten von Phänomenen und die Protokollierung der gewonnenen Erkenntnisse bietet eine enge Wechselbeziehung zwischen Erfahren und Verarbeiten, Handeln und Nachdenken. So erhalten die Schüler die Möglichkeit Bekanntes mit anderen Augen zu sehen und alltägliche Einzelwahrnehmungen in Sinnzusammenhänge einzuordnen.

Das **Lernplakat** ist eine vornehmlich bildliche Darstellung von Lerninhalten, wobei inhaltliche Informationen zu einem Thema aus Texten, Filmen und/oder Vorträgen gewonnen werden. Es dient zur Visualisierung von Lerninhalten sowie der gedanklichen Führung bei einer Präsentation.

Um eine Mitarbeit aller Schüler gewährleisten zu können, sollten dabei nicht mehr als drei bis vier Schüler an einem Lernplakat arbeiten. In dieser **Kleingruppe** wird auch das vielfache Diskutieren erleichtert, welches zur Erstellung der Lernplakate notwendig ist, denn sie müssen sich über die darzustellenden Aussagen sowie Darstellungs- und Gestaltungsmerkmale einigen. Diese intensive Auseinandersetzung mit den Informationen bewirkt, dass Informationen und Details zum Inhalt im Langzeitgedächtnis gespeichert werden. Ein weiterer Vorteil des Lernplakats liegt in der **Erweiterung sprachlicher und sozialer Kompetenzen** (z.B. Zuhören, gemeinsames Entscheiden, Diskussionen).[9]

Zusammenfassend lässt sich sagen, dass durch diese Methode und die damit verbundene intensive Auseinandersetzung mit den Inhalten ein breites Sachwissen und vielfältige Informationen zusammengetragen, verarbeitet und aufgenommen werden und zum anderen die Gelegenheit geschaffen wird, elementare Fertigkeiten und Fähigkeiten im methodischen, kommunikativen und kooperativen Bereich einzuüben, zu erweitern und anzuwenden.

---

[9] vgl. Cwik/Risters: Lernen lernen von Anfang an, S.45.

Mit Blick auf die anstehende Präsentationsprüfung in der 10. Klasse ist es wichtig, dass die Schüler in der Lage sind „Sachverhalte vorzutragen und den Vortrag durch Medien zu stützen", nachdem diese zusammengetragen, zusammengefasst und ausgearbeitet wurden. Für den Vortragenden wird dabei das „Durchdringen der Sache gefördert, wenn er einen Sachverhalt vor einer Gruppe darstellt und das Gesagte durch eine Veranschaulichung klärt. Darüber hinaus fördert es die „mündliche Rede und damit den Mut, vor anderen zu sprechen; es fördert das planvolle Sprechen und die didaktische Kompetenz"[10]. Sachbezogenes Sprechen ist ein wichtiger Teil der umfassenden Fähigkeit, Arbeitsergebnisse zu präsentieren.

Da während der Stunde hauptsächlich in Gruppen gearbeitet wird, wird den Schülern darüber hinaus ermöglicht, vielfältige (weitere) kooperative und kommunikative Fähigkeiten zu üben und zu erweitern.

In der **Einführungsphase** sammeln die Schüler Ideen/Gedanken zum Thema Magnetismus, die sie auf farbige Zettel schreiben. Gemeinsam wird an der Tafel eine Sortierung nach Themen/Schwerpunkten vorgenommen. Bei auftretenden Schwierigkeiten halte ich Karten mit den Themen/Oberbegriffen bereit. Den Schülern wird das Ziel der Stunde „Wir erstellen ein Lernplakat zum Thema Magnetismus" mit meinen Erwartungen transparent gemacht. Zusammen besprechen wir die Inhalte bzw. Schwerpunkte des Lernplakates, aber auch welche gestalterischen Elemente wie wirken. Anschließend finden sich die Schüler in Kleingruppen zusammen.

In der **Erarbeitungsphase** finden sich die Schüler in Kleingruppen zusammen. Die Gruppeneinteilung werde ich vornehmen. So soll sichergestellt werden, dass jeder eine Aufgabe (seinen Fähigkeiten entsprechend) übernehmen kann und die Gruppe sich gegenseitig unterstützt und nicht ablenkt. Die Einteilung erfolgt spontan, da es für mich heute nicht absehbar ist, wer anwesend ist. Ich achte jedoch darauf, dass die Gruppenverhältnisse entsprechend den Lernvoraussetzungen und des Arbeitsverhaltens ausgewogen sind. Anschließend besprechen die Schüler die Aufagebn und teilen sie sich selbstständig auf. Da dieser Punkt zu Schwierigkeiten führen kann, habe ich eine Aufgabenkarte[11] vorbereitet. Auf dieser Karte befindet sich eine Art Strukturierungshilfe, welche Punkte beachtet werden müssen. Die Schüler müssen miteinander sprechen und diskutieren, sowie eigene Meinungen begründen, aber ebenso abweichende Meinungen akzeptieren, um zu einem Ergebnis gelangen zu kön-

---

[10] Bartnitzky, S.38.
[11] Siehe Anhang

nen (Demokratisches Miteinandersprechen). Sie fertigen Zeichnungen und Sachtexte an, die sie eigenständig mit Hilfe eines Dudens korrigieren. Sie gestalten das Lernplakat nach eigenen Vorstellungen.

In der Erarbeitungsphase ist für mich erkennbar, inwieweit die bereits behandelten Sachverhalte bei den Schülern verstanden wurden. So kann ich die folgenden Unterrichtsstunden individueller planen und auf eventuell aufgetretene Probleme ausrichten.

In der **Präsentationsphase** präsentieren die Kleingruppen ihr Ergebnis und reflektieren die Arbeiten ihrer Mitschüler. Dazu befinden sich an der Tafel Bewertungskriterien auf die eingegangen werden kann. In dieser Phase wird im Hinblick auf das sachbezogene Sprechen, der Aufgabenschwerpunkt: „Über das Sprechen reden" berücksichtigt, indem die Schüler, die verschiedenen Präsentationen hinsichtlich des Einhaltens der Kriterien in einer Präsentation reflektieren.

Um das Sozial- und Arbeitsverhalten der Schüler zu fördern habe ich mit Beginn der Unterrichtseinheit Rituale und Regeln eingeführt. Die Einführung von **Ritualen** (Klangschale) bietet den Schülern Sicherheit und Transparenz. Es wird eine Struktur des Unterrichtsablaufes geschaffen, die gemeinschaftliches Verhalten fördert. Das Aufstellen von **Regeln** und insbesondere das Einhalten dieser, ist besonders in offenen Unterrichtsformen von hoher Bedeutung. Gemeinsam mit den Schülern wurden zu Beginn der Unterrichtseinheit Regeln erarbeitet, die auf einem Plakat festgehalten wurden. Durch die Visualisierung und Verbalisierung der Regeln und das Aufhängen an einem Platz, der für alle einsichtig ist, soll erreicht werden, dass sich die Schüler an die vereinbarten Regeln halten. Die drohenden Konsequenzen gemeinsam erarbeitet und besprochen.

4.3.   Didaktische Reduktion

Die Schüler erhalten von mir Karten mit Tipps und möglichen Fragen zum Inhalt für die Bearbeitung der Aufgabe. Die Bewertungskriterien einer Präsentation werden vorgegeben. So wird sichergestellt, dass die Schüler Ansatzpunkte finden. Diese Kriterienliste kann jederzeit ergänzt und erweitert werden.

Es finden nicht alle Stationsinhalte auf dem Lernplakat Berücksichtigung, da noch nicht jeder Schüler alle Aufgaben bearbeitet hat. So wird der inhaltliche Schwerpunkt des Lernplakats auf folgenden Themen liegen:

- Ein Magnet zieht Gegenstände aus Eisen, (Stahl) Nickel und Kobalt.

- Ein Magnet hat einen Nord- und Südpol.

- Gleiche Pole stoßen sich ab und gegenseitige Pole ziehen sich an.

- Ein Magnet hat Kraft.

- Die Magnetkraft ist an den Polen am stärksten.

4.4.   Differenzierung

E. und P. haben Schwierigkeiten kurze Texte zu verfassen und Informationen bildlich darzustellen. Sie erhalten die Aufgabe sich ein Experiment zum Theme herauszusuchen, welches dann auf dem Lernplakat vorgestellt wird. Dieses Experiment führen sie nochmals durch und erläutern ihre Erkenntnisse in Bezug auf Durchführung, benötigtes Material und Ergebnis ihrer Kleingruppe. So ist gewährleistet, dass diese Schüler eine Aufgabe haben und etwas Wertvolles zum Lernplakat beitragen. Die Entscheidung, welche Aufgabe sie übernehmen möchten liegt jedoch bei ihnen. Ich werde nur eingreifen und die Aufgaben verteilen, wenn ich merke, dass sie versuchen sich aus dem Unterrichtsgeschehen herauszuhalten.

4.3. Tabellarische Stundenverlaufsplanung

Phase / Zeit	Geplanter Unterrichtsverlauf	Interaktionsform, Organisation, Methode	Medien/Arbeitsmittel	Didaktisch-methodischer Kommentar
Begrüßung 11:00 – 11:02	Begrüßung der Gäste und Schüler	Frontalunterricht/ S. sitzen an den Tischen		Kennzeichnung des Unterrichtsbeginns gegenseitige Wertschätzung
Einstieg 11:02 – 11:05	Besprechung des weiteren Stundenablaufes Betrachtung der bisherigen Fortschritte, gemeinsam werden Tipps und Hilfen gegeben, eventuell Schwerpunkte festgelegt.	Frontal UG	Tafel, farbiges Papier,	Orientierung /Sicherheit, Besprechung von Arbeitsabläufen
Erarbeitung 11:10 – 11:30	Kleingruppe arbeitet selbständig am Lernplakat, Lehrer steht bei Problemen beratend zur Seite, Kleingruppe gestalten gemeinsam Lernplakat ,	Offen Unterrichtsform/S. arbeiten in Kleingruppe	Texte, Arbeitsblätter, Arbeitsanweisungen, Arbeitsmittel	Prinzip der Selbsttätigkeit Prinzip der Differenzierung kooperative Arbeitsformen Ritualisierung durch Klangschale,
Präsentation 11:30 – 11:43	Kleingruppen stellen ihr Lernplakat vor und bewerten die Ergebnisse der anderen Gruppen,	Kleingruppe Präsentation	Tafel, Lernplakat, Kriterienliste	Gruppen, die heute aus Zeitgründen nicht drangekommen sind, haben der nächsten Stunde die Möglichkeit, ihren Vortrag zu halten
Auswertung 08:43 – 08:45	Beantwortung von Fragen und Klären von Problemen, Gemeinsames Feeback und Verabschiedung,	Frontal UG		Würdigung und Präsentation der Arbeitsergebnisse Ergebnissicherung Markierung des Unterrichtsendes

5. <u>Anhang</u>

5.1. Literatur

- **Rahmenlehrplan** für Schüler mit sonderpädagogischen Förderschwerpunkt Lernen (Berlin). Wissenschaft und Technik Verlag,2005.

- **Rahmenlehrplan** für die Grundschule Naturwissenschaften (Berlin). Wissenschaft und Technik Verlag, 2006.

- **Rahmenlehrplan** für die Grundschule Sachunterricht (Berlin). Wissenschaft und Technik Verlag, 2006.

- H. **Barnitzky**: Sprachunterricht heute. Sprachdidaktik, Unterrichtsbeispiele, Planungsmodelle. Berlin 2000.

- **Cwik/Risters**: Lernen lernen von Anfang an. Band 1. Individuelle Methoden trainieren. Cornelsen Verlag 2004.

- H. **Klippert**: Methodentraining. Übungsbausteine für den Unterricht. Belz Verlag, Weinheim und Basel 1999, S. 168 (B22 Visualisieren im Klassenraum).

- J. **Schmeiler**, N. **Schröder**: Die Magnet-Werkstatt. Verlag an der Ruhr, 2004.

- P. **Weber**, G. **Anders**: Was ist Werkstatt-Unterricht, Verlag an der Ruhr, Mülheim an der Ruhr, 1998.

- Praxis **Sachunterricht** 3 (2005)

- www.wikipedia.de

- www.physikforkids.de

5.2.   Arbeitsblätter, Texte, Arbeitsanweisungen!

<u>Aufgabe: Erstellt ein Lernplakat zum Thema Magnetismus!</u>

- Überlegt euch, welche Aufgaben erledigt werden müssen!

- Entscheidet gemeinsam, wer macht was, z.B. wer kann was besonders gut?

- Entscheidet euch für die Inhalte! Wollt ihr alles nehmen oder nur bestimmte Themen. Ihr müsst eure Entscheidung begründen!

- Die Informationen findet ihr auf euren Arbeitsblättern!

- Überlegt vorher was auf das Plakat soll und entscheidet euch für Farben und die Aufteilung der Texte und Bilder!

-
E

    rst dann schreibt und zeichnet ihr in der Größe, die abgesprochen wurde!

- Achtet darauf, dass jeder etwas macht!

- Überlegt euch, wie ihr euer Lernplakat präsentieren möchtet! Soll jeder sprechen oder nur ein Schüler alleine?

<u>Kriterien zur Beurteilung der Präsentation:</u>

<u>Texte:</u>

- Lesbar, groß genug geschrieben
- Sauber geschrieben
- Übersichtlich angeordnet
- Farbig, fett, unterstrichen

<u>Bilder:</u>

- Aufteilung, Verteilung
- Ausgewogenheit, Anzahl
- Unterstützt der Text das Bild

<u>Vortragender:</u>

- Redeweise flüssig
- Zuhörder angeguckt
- Wechsel vom Plakat zum Zuhörder
- Körpersprache, Körperhaltung

<u>Inhalt:</u>

- Ist der Inhalt richtig
- Steht wirklich alles wichtige drauf